故宮御貓夜遊記 ③

銅獅的髮型師

常怡 / 著　陳昊 / 繪

中華教育

責任編輯：余雲嬌

裝幀設計：鄧佩儀 龐雅美

排版：鄧佩儀 龐雅美

印務：劉漢舉

故宮御貓夜遊記 ③

銅獅的髮型師

常怡 / 著　　陳昊 / 繪

出版 | 中華教育

香港北角英皇道 499 號北角工業大廈 1 樓 B

電話：(852) 2137 2338　傳真：(852) 2713 8202

電子郵件：info@chunghwabook.com.hk

網址：http://www.chunghwabook.com.hk

發行 | 香港聯合書刊物流有限公司

香港新界荃灣德士古道 220-248 號 荃灣工業中心 16 樓

電話：（852）2150 2100　傳真：（852）2407 3062

電子郵件：info@suplogistics.com.hk

印刷 | 迦南印刷有限公司

香港新界葵涌大連排道 172-180 號金龍工業中心第三期 14 樓 H 室

版次 | 2021 年 6 月第 1 版第 1 次印刷

©2021 中華教育

規格 | 16 開（185mm x 230mm）

ISBN | 978-988-8758-87-6

大家好！我是御貓胖桔子，故宮的主人。

我有個好習慣，就是從不挑食。而且我還特別喜歡嘗試新食物，看到甚麼沒吃過的東西，都想嚐一嚐。但是，誰會想到，吃東西也會惹麻煩呢？

在故宮裏想撿到遊客吃剩的食物並不容易。
當一根香腸落到地上時，你要和清潔員進行一場
百米賽跑。

我跑得快時，香腸會落進我肚子裏；清潔員跑得快時，香腸就會被扔到垃圾筒裏。

所以，在這個暖融融的春天的晚上，當我在一張長凳下面發現一團綠色的食物時，眼睛都亮了。

它聞起來有薄荷的香味，我試着用前爪撥了撥它，黏糊糊的，是青糰嗎？要不要嚐嚐呢？我有點猶豫，我沒吃過青糰，不過它看起來不太好消化。

我伸出舌頭舔了舔，啊！
不是青糰，是香口膠，這東西
可不能吃，幸好我沒一口吞進去。

就當我打算收回舌頭的時
候，香口膠卻黏在了我的舌頭
上。我用力一甩舌頭，香口膠飛
了起來，落下來的時候正好黏到
了我的腦門上。

這可不好辦了，我甩了甩腦
袋，沒用！

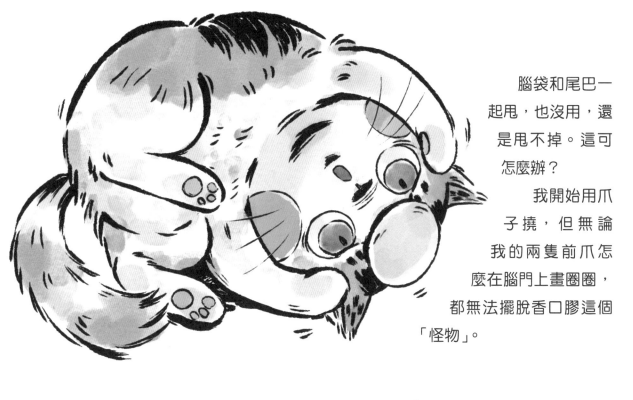

腦袋和尾巴一起甩，也沒用，還是甩不掉。這可怎麼辦？

我開始用爪子撓，但無論我的兩隻前爪怎麼在腦門上畫圈圈，都無法擺脫香口膠這個「怪物」。

於是，我只能頂着香口膠回到珍
寶館找媽媽幫忙。

「哎喲！黏得也太牢固了。只能連
毛一起用剪刀剪掉。哈哈哈⋯⋯」媽
媽的笑聲很響。

但是笑完之後，她還是給了
我一個很有用的建議：去大庖井
找喀嚓——一隻會理髮的老鼠。

大庖井在傳心殿的院子裏。故宮裏最老的御貓花婆婆說，很久以前，大庖井曾經是故宮裏水最甜的井，裏面住着龍泉井神。每年秋天，皇帝都會帶着大臣們來這裏祭祀井神。

　　可是，現在那裏已經沒水了，常年蓋着蓋子，裏面只住着一羣老鼠。住在大庖井裏的老鼠家族，之所以能夠躲過故宮上百隻御貓，順利活下來，除了因為有怪獸們保護外，還因為他們有一門特殊的手藝 —— 理髮。每年夏天熱得喘不過氣來的時候，御貓們甚至會排着長隊來大庖井剪掉身上厚厚的毛。

我從井蓋的破洞鑽進井裏，兩隻黃鼠狼正被老鼠們圍着修剪鬍鬚。

老鼠爺爺看了看我腦門上的香口膠，伸出爪子就往下拽，疼得我「喵喵」直叫，他才鬆開手。

「這事情只有喀嚓能做到。」老鼠爺爺拍了拍手說，「要貼着根把毛全部剪掉，只有喀嚓的手藝能做到。」

「那快叫喀嚓來吧！」我的眼睛都快睜不開了。

「他現在不在啊。」老鼠爺爺說，「有人邀請他去太和門做髮型了。聽說是集體訂單，要做好長時間呢。着急的話，你就去太和門找他吧。」

我跑到太和門的時候，月亮已經升起來了，是一輪鮮黃的圓月。

太和門前，整齊地排列着一支銅獅的隊伍，他們有的是金色的，有的是青銅色的，個頭大的有兩個人那麼高，個頭小的比我大不了多少。
他們都是故宮裏的守門怪獸。

隊伍的最前面，一隻小老鼠正站在巨大的青銅獅子身上，靈巧地把
獅子頭上的鬃毛纏成圓圓的髮髻。

「請問，這是在做甚麼呢？」我問隊伍裏那隻最小的銅獅子。

「做甚麼？你不是都看見了，我們頭上的髮髻鬆了，要重新纏好。」銅獅子說。

「我看電視裏的獅子鬃毛都是披着的，你們為甚麼要那麼麻煩，做成髮髻呢？」

「你看到的那是普通的獅子。」銅獅子有點不高興地說，「故宮裏的獅子可是靈獸，是可以祛除邪惡的守護者。我們頭上的髮髻代表着皇宮的尊貴，那些在荒野捕食的獅子怎麼能和我們比呢？」

說完，他就把頭一轉，不理我了。

哼！不理就不理，我腦門上的香口膠越黏越緊，還是趕緊把它弄下來要緊。

我跑到青銅獅子前面，衝着上面忙碌的小老鼠喊：「喂！喀嚓！我有要緊的事情找你幫忙。」

喀嚓從獅子頭上探出腦袋問：「甚麼要緊的事啊？」

「這裏黏了塊香口膠，眼睛都要睜不開了。喵。」我指着自己的腦門說。

「哎喲，那可夠受罪的。」喀嚓同情地說，「可是我放不下手裏的工作啊，你還是等等吧。」
「要等多久呢？」

「這我可說不準。」喀嚓說，「一隻獅子要盤四十五個髮髻，這麼多獅子估計要盤到天亮了。要不，你明天再來找我吧。」

我可等不到明天。腦門上頂着塊香口膠，不但看不清路，而且走到哪裏都會被人嘲笑。

於是，我默默地走到隊尾，排到最後一隻獅子後面。那是隻母獅子，一隻小獅子正躲在她腿旁邊偷看我。

「媽媽，你快看，那隻野貓頭上頂著一坨鳥屎……」

母獅子趕緊摀住小獅子的嘴，小聲說：「噓！你這孩子越來越沒禮貌了，不許這樣嘲笑別人。」

25

哼！還神獸呢，連香口膠和鳥屎都分不清。

我索性閉上眼睛，不聽也不看。不知不覺，我居然睡着了。

等到我睜開眼睛的時候，天已經快亮了。喀嚓正目不轉睛地盯着我腦門上的香口膠，而銅獅子們已經全部消失了。

「這個位置到底是怎麼黏上去的呢？」喀嚓好奇地問。

「別問了，快幫我剪下來吧。喵。」

喀嚓掏出剪刀，貼着我的頭皮「喀嚓、喀嚓」地剪了幾下。剪刀冰涼、冰涼的，等到香口膠「啪」的一聲從我腦門上掉下來的時候，我已經出了一身冷汗。

　「好了。」喀嚓收起剪刀說，「幸虧你
找到了我，要是別的老鼠，一定會剪到你
的肉的。」
　「是呀。太感謝了！喵。」

我鬆了口氣。以後，一定會離這黏糊糊的東西遠遠的。

故宮的守護者
獅子

我是來自西域的猛獸，也是太和殿上排名第三位的脊獸！

我們獅子在大約二千年前，從西域來到中原。古代的皇帝認為我們是尊貴的象徵，加上我們外形勇猛、威嚴，所以成為了故宮的守護者。

故宮裏很多地方都有我們的身影。在太和門前有兩隻青銅獅子鎮守入口，它們守衞故宮幾百年了，一直挺直腰板，瞪大雙眼，審視着每一個走進故宮的人。乾清門前也有一對金銅獅子，它們全身金光閃閃，總是低着頭，垂着耳朵，因為這裏是皇帝辦公的地方，它們不必時刻保持警覺。

金睛玉爪目懸星，羣獸聞知盡駭驚。

怒懾熊羆威凜凜，雄驅虎豹氣英英。

曾聞西國常馴養，今出中華應太平。

卻羨文殊能服爾，穩騎駕馭下天京。

——（明）夏言《獅》

　　獅子的眼睛金光閃閃，像星辰般明亮燦爛，而且爪子寬大有力，百獸聽到牠來到都會感到害怕、驚慌。

　　獅子能夠震懾棕熊這類猛獸，一幅威風凜凜的樣子，又能驅趕老虎和豹子，盡顯出英氣勃勃。

　　我曾經聽說西域各國能馴養獅子，如今牠出現在中華大地正是順應當今的太平盛世。

　　我又很羨慕佛教的文殊菩薩能夠馴服牠，穩穩地騎着牠來到京城。

皇家儀仗隊

 鹵　簿

　　鹵簿是中國古代帝王的儀仗隊，用來體現皇室的尊貴地位。在清代，一年中大大小小的典禮和祭祝活動，從祭拜天地日月、聖賢神靈，到皇帝出行巡遊、御駕親征等，都會使用氣勢宏大的鹵簿儀仗。

（見第 10-11 頁）

 地　磚　　和黃金一樣貴

　　在故宮裏，即使是隱蔽的小路，也鋪着精心打磨的地磚。在皇帝經常到達的宮殿裏，更鋪上了有「金磚」之稱的地磚。難道故宮的磚頭是由黃金製成的？當然不是。

　　金磚的名字由來有三種說法：一說指金磚由蘇州製造後運送到京城，人們把「京磚」讀成了「金磚」；一說指金磚質地堅細，敲下去像金屬般鏘然有聲，所以叫「金磚」；還有一說指金磚的製造工序繁複，在明代時一塊金磚的造價比得上一兩黃金，所以叫「金磚」。

（見第 27 頁）

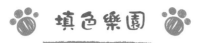

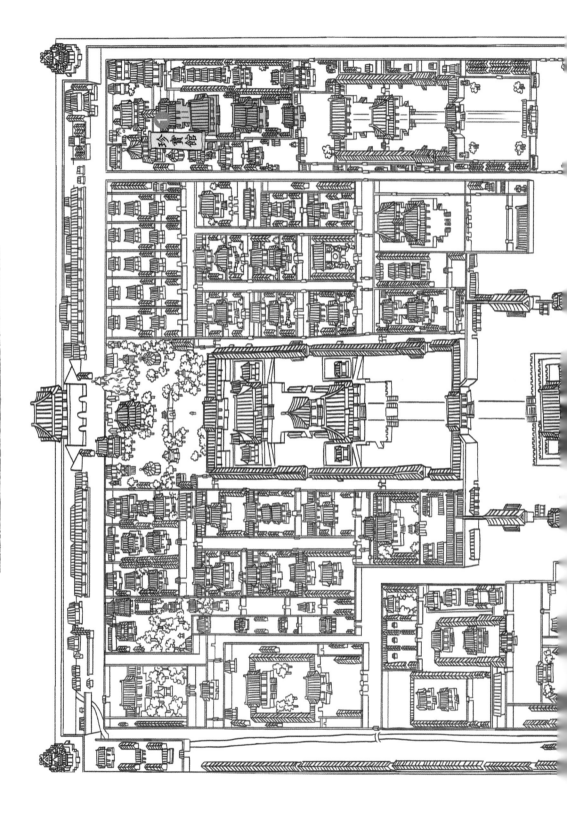

橫枝子和銅獅的故宮博物院鳥瞰圖

珍寶館

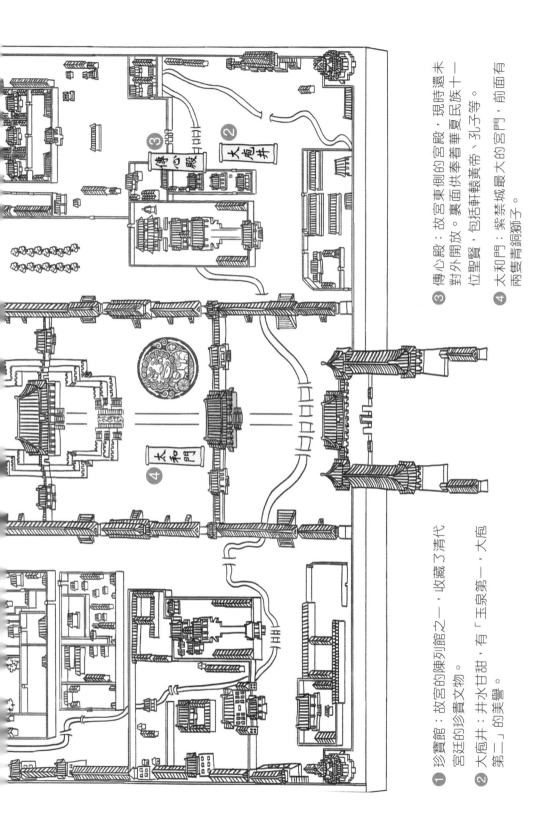

① 珍寶館：故宮的陳列館之一，收藏了清代宮廷的珍貴文物。

② 大庖井：井水甘甜，有「玉泉第一，大庖第二」的美譽。

③ 傳心殿：故宮東側的宮殿，現時還未對外開放。裏面供奉著華夏民族十一位聖賢，包括軒轅黃帝、孔子等。

④ 太和門：紫禁城最大的宮門，前面有兩隻青銅獅子。

41

常 怡

　　不管是作為動物，還是作為神獸，獅子一直都是威嚴的象徵。

　　《本草綱目》裏曾說「獅為百獸長」。《康熙字典》裏說，獅子一吼，百獸紛紛驚恐退避。這都是在說動物獅子作為百獸之王的神聖地位。

　　但獅子被當作尊貴莊嚴的靈獸，是佛教傳入中國之後的事。很多古籍都曾記載過牠在佛教中的靈獸地位。也正因為這個原因，古人常用石獅、石刻獅紋等來辟邪。

　　故宮裏的怪獸數獅子最多，大門前、石橋上、瓷器擺設……到處都可以看到獅子的形象。它們中最威嚴的就數各大宮殿門前的銅獅們。這些銅獅和披頭散髮的真獅子不一樣，每一隻的頭上都盤着象徵「九五之尊」的四十五個精美髮髻，彰顯着自己作為皇家銅獅和驅邪靈獸的雙重崇高地位。

　　《銅獅的髮型師》裏，一隻小老鼠成了故宮裏大紅大紫的髮型師，即便是威嚴的銅獅們，也要排着長隊，等他來做髮型。你們能想像那些銅獅們放下架子排隊的樣子嗎？想想就會覺得很有趣吧！

陳 昊

一心想着吃的胖桔子這回終於被吃的東西折磨了一把，貌似還是薄荷味道的。一想到他那可憐又着急的模樣，我的心情就像他媽媽表現出來的那樣：一方面同情他的遭遇，另一方面又忍不住想，這畫面實在是太好笑了。

編輯曾經建議我，「喀嚓」在給銅獅做造型時，應該用「捲髮棒」而不是「剪刀」。但我堅持認為，銅獅的髮髻之所以會鬆，就是因為他們的鬃毛長了，需要先修剪才行。更何況，作為一名偉大的理髮師，就算是只用剪刀也可以把鬃毛捲起來吧。別忘了他的名字就叫「喀嚓」呀！

胖桔子在大庖井發現了專門從事美容美髮行業的老鼠家族，會不會在故宮其他地方還存在着更多的祕密？這個問題就留給你去探索吧。